Extrait des ANNALES DES PONTS ET CHAUSSÉES, tome X, 1855.

Chez Vᵒᵉ DALMONT, ÉDITEUR,

Libraire des corps impériaux des ponts et chaussées et des mines,

quai des Augustins, 49.

RECHERCHES STATISTIQUES

SUR LES

MATÉRIAUX DE CONSTRUCTION

EMPLOYÉS DANS LE DÉPARTEMENT DE LA SEINE.

RAPPORT SUR LE MÉMOIRE DE M. L'INGÉNIEUR MICHELOT (*),
en date du 20 octobre 1853,
Par M. BELGRAND, ingénieur en chef des ponts et chaussées.

M. l'ingénieur Michelot nous a adressé, le 20 octobre 1853, un mémoire remarquable sur les résultats obtenus dans ses recherches sur les matériaux de construction. Nous aurions mis depuis longtemps ce travail sous les yeux de l'administration, si son auteur ne nous avait exprimé le désir de le conserver encore quelque temps, pour le soumettre à l'appréciation de nos géologues les plus distingués.

Nous n'avons pas à regretter ce retard, car lorsque l'administration s'engage dans une voie nouvelle, il n'est pas sans importance de connaître, dès l'origine, l'avis des hommes véritablement compétents. Nous avons toujours cru que le service de recherches statistiques sur les matériaux, réduit à des proportions pratiques, devait être véritablement utile ; nous avons eu la satisfaction de nous trouver sur ce point du même avis que MM. Élie de Beaumont, Dufrénoy, Graves, d'Archiac, de Verneuil, Bayle, etc., qui ont tous donné leur complète approbation au travail de M. Michelot.

Analyse du mémoire de M. Michelot. — M. Michelot a divisé son mémoire en quatre parties.

(*) L'étendue du rapport de M. Michelot, qui aurait occupé plusieurs numéros, n'a point permis de l'insérer.

Dans la première, il fait connaître l'objet et l'utilité du service; dans la deuxième, il expose très sommairement les notions de géologie pratique du bassin parisien; dans la troisième, la plus importante de toutes, il donne la statistique des carrières de pierre de taille du bassin de Paris; et dans la quatrième, il parle des chaux hydrauliques, ciments, briques, meulières, gypse, etc.

PREMIÈRE PARTIE. OBJET DU SERVICE. — L'objet du service a été indiqué dans un rapport de M. le directeur Michal du 20 janvier 1851; on peut le définir en peu de mots : faire une bonne statistique des carrières qui fournissent, ou pourraient fournir, des matériaux de construction au département de la Seine et une classification rationnelle de ces matériaux, en tenant compte de toutes leurs propriétés physiques, telles que leur résistance à l'écrasement, et à la gelée, etc., et accessoirement de leur prix de revient; déterminer les localités où des exploitations nouvelles pourraient être établies avantageusement.

M. Michelot cite plusieurs faits qui prouvent que, de tout temps, le besoin d'une bonne statistique des matériaux de construction s'est fait sentir à Paris.

Ainsi, jusqu'à la fin du quatorzième siècle, on trouvait en abondance, dans le sol même de Paris, les excellentes pierres dures connues sous le nom de *liais*, *cliquart*, etc.

On voit cependant des architectes, par négligence ou ignorance, employer en soubassements, avec ces matériaux de premier choix, les pierres beaucoup moins bonnes, connues sous le nom de *bancs francs*. Les parties supérieures des édifices étaient construites en matériaux de très-médiocre qualité, les *lambourdes*; ce n'est que vers la fin du quinzième siècle qu'on voit entrer à Paris les excellentes pierres tendres de *Saint-Leu*, qui, cependant, étaient appréciées sur les bords de l'Oise dès le douzième. Leur usage devint général à l'époque de la renaissance, comme on peut s'en assurer en examinant les principaux édifices de Paris de cette époque, l'hôtel de ville, le Louvre, etc.

Le *vergelé*, autre pierre tendre non moins bonne, n'a été admis à Paris que beaucoup plus tard encore.

Au XVIIe siècle, à mesure que les liais et les cliquarts deviennent plus rares, l'emploi des mauvais *bancs francs* devient plus général ; aussi voyons-nous presque tous les soubassements de cette époque fortement attaqués par la gelée.

Au dix-huitième siècle, on commence à faire usage de la pierre de *Conflans*, qu'on retrouve au garde-meuble, à la monnaie, etc. ; plus tard, Perronet ouvre les carrières de *Château-Landon*, pour construire le pont de Nemours, et celles de *Saillancourt*, dont les matériaux sont employés aux ponts de Mantes, de Neuilly, de la Concorde.

On voit apparaître successivement, dans les temps modernes, la *roche* négligée par les anciens architectes et qui s'associe aux bancs francs dans les soubassements, le *vergelé* employé avec avantage dans les gares de chemin de fer, notamment dans celles de Lyon et de Strasbourg, tandis que dans celles de Rouen et de l'Ouest on continue à admettre les mauvaises pierres tendres de la banlieue de Paris, et enfin les excellentes pierres dures du *Soissonnais*, de la *Picardie*, de la *Bourgogne*, etc.

Nous renvoyons au mémoire de M. Michelot pour tous ces détails historiques qui sont réellement d'un haut intérêt, et qui font comprendre comment les monuments de certaines époques, tels que le Louvre, l'hôtel de ville, etc., sont encore intacts aujourd'hui, tandis que ceux d'époques beaucoup plus rapprochées sont déjà rongés par la gelée.

A mesure que le cercle d'approvisionnement de Paris s'agrandit, le choix des matériaux devient plus difficile. Aussi voit-on dans les nombreux monuments qui se construisent aujourd'hui employer des matériaux d'une qualité plus que douteuse. Parmi les monuments où le choix de la pierre a été très-bien fait, M. Michelot cite la bibliothèque Sainte-Geneviève, le timbre, la gare de Strasbourg, celle de Lyon, le ministère des affaires étrangères. Mais on a, au contraire, employé souvent des matériaux de qualité inférieure au palais de justice, à la caserne Napoléon, au palais de l'industrie, à la gare de l'Ouest, rue Saint-Lazare, et, malheureusement, dans les nouveaux travaux du Louvre.

Tous ces faits viennent à l'appui des considérations pratiques exposées par M. le directeur Michal, dans son rapport du 20 janvier 1851, et démontrent l'utilité d'une bonne statistique des matériaux employés à Paris.

M. Michelot donne ensuite la division systématique qu'il propose pour le service. Comme dans son mémoire, il s'occupe spécialement de la pierre de taille, nous examinerons avec soin cette partie de son travail.

Il a divisé le cercle d'approvisionnement de Paris en deux parties presque concentriques, la première comprenant le bassin tertiaire, la deuxième le grand demi-cercle jurassique, qui en est séparé par la craie blanche et qui s'étend des Ardennes à Caen, en passant par Metz, Nancy, Chaumont, Clamecy, Bourges, Poitiers et Alençon.

Les études sur les matériaux tertiaires sont presque complètes; c'est d'elles surtout qu'on s'occupera.

DEUXIÈME PARTIE. APPLICATION DE LA GÉOLOGIE AUX RECHERCHES STATISTIQUES. — Des recherches de ce genre seraient complétement impossibles si l'on ne prenait pour se guider les indications qui sont fournies par la géologie. Nous avons eu bien souvent occasion de faire des applications de cette science dans le cours de notre carrière, surtout dans les recherches de matériaux destinés à l'entretien des routes; ainsi nous avons fait ouvrir des carrières excellentes là où l'on ne connaissait que des matériaux de détestable qualité. Mais dans la banlieue de Paris, où tous les matériaux bons ou mauvais sont exploités et trouvent des acquéreurs, on peut dire que la géologie devient un guide indispensable pour se reconnaître dans cette multitude de dénominations locales, où le même nom désigne souvent des matériaux qui n'ont aucune analogie entre eux, et où souvent, au contraire, des pierres complétement identiques portent des noms très-différents.

M. Michelot a réellement rétabli l'ordre dans ce chaos.

Nous ne le suivrons point dans les notions sommaires qu'il donne sur la géologie du bassin de Paris; nous nous contenterons d'indiquer la position géologique de chaque espèce de pierre dont il sera question ci-dessous.

Coupe des terrains tertiaires du bassin de Paris. — Voici d'abord la coupe des terrains tertiaires du bassin de Paris admise aujourd'hui par tous les géologues, quoiqu'on soit loin d'être d'accord sur les divisions de détail qu'elle comporte :

Terrains tertiaires.	Étage moyen ou miocène.	Calcaire lacustre supérieur.	Meulières de Montmorency.	Plateaux de Marly, de Montmorency, etc.
		Calcaire de Beauce.	Plateaux entre le Loing et l'Eure.
		Sables de Fontainebleau ou sables supérieurs.	Forêt de Fontainebleau, bords des vallées de l'Essonne, la Juine, l'Orge, l'Yvette, la Bièvre, bords des coteaux de Marly, Montmorency, Triel, etc.
	Étage inférieur ou éocène.	Calcaire lacustre moyen.	Calcaires et meulières de Brie.	Plateaux de la Brie et du Tardenois entre Fère et l'extrémité sud de la montagne de Reims.
			Marnes vertes.	Bords de toutes les vallées de la Brie, des coteaux de l'Yvette, de la Bièvre, de Meudon, Ville-d'Avray, Bougival, etc.
			Gypse et calcaire siliceux de Saint-Ouen.	Plateau entre Saint-Denis et Fère en Tardenois. Le gypse se trouve principalement entre Meulan et Château-Thierry.
		Sables moyens, ou de Beauchamp.	Plateaux du Soissonnais et du Tardenois. Bords des vallées de la Marne et de ses affluents, et de l'Oise.
		Calcaire grossier.	Soissonnais, Vexin français, banlieue de Paris, surtout du côté du sud et de l'ouest, bords de l'Oise.
		Argile plastique, sables du Soissonnais ou inférieurs.	Dans le Soissonnais, au bord de la Brie du côté de la Champagne, dans la vallée de la Marne, à Meudon, Bougival, Poissy, Mantes, etc.
		Calcaire pisolithique. . . .	Détruit presque partout avant le dépôt tertiaire; disséminé en lambeaux en divers points, notamment au bord de la Brie du côté de la Champagne, dans le Vexin, etc.
		Craie blanche.	Plaines de la Champagne, fonds des vallées de la Beauce entre Chartres et Rouen, de la Normandie, de la Picardie, etc.

Les matériaux de construction proviennent surtout du

calcaire grossier. C'est donc principalement de ce terrain que M. Michelot s'est occupé.

Il a adopté les quatre divisions principales de Brongniart et de Cuvier, savoir : 1° calcaire grossier inférieur, ou à nummulites ; 2° calcaire grossier moyen, ou à miliolithes ; 3° calcaire grossier supérieur ou à cérithes ; 4° et enfin marnes ou caillasses. Par une étude intelligente des fossiles et des caractères minéralogiques des roches, il a établi un grand nombre de subdivisions qui ne se trouvent pas dans toutes les localités, mais qui se présentent toujours dans le même ordre de superposition, et dans lesquelles il a pu faire rentrer tous les matériaux qui s'exploitent dans le bassin de Paris, en remettant à leur place ceux que les carriers, par ignorance ou mauvaise foi, voulaient faire passer pour d'autres.

DÉSIGNATION géologique.		TEINTES conventionnelles des coupes de M. Michelot.	NOMS DES MATÉRIAUX.
	Caillasses. . . .		Marnes, rochette.
Calcaire grossier	supérieur. . . .	Rose avec hachures verticales.	Roche.
		Rose.	Bancs francs.
		Vert avec hachures inclinées.	Cliquart, liais Laversine.
		Vert.	Banc vert
		Vert avec hachures verticales.	Saint-Nom.
	moyen.	Jaune.	Banc royal.
		Brun clair.	Masse des Vergelés (lambourdes).
		Rouge brun.	Vergelé de fond.
	inférieur.	Bleu foncé.	Bancs à verrains (Saillancourt, Chérence).
		Bleu clair.	Saint-Leu.
		Lilas.	Bancs à nummulites.

Le tableau ci-dessus donne les principales subdivisions adoptées par M. Michelot, et les teintes conventionnelles qui, dans ses coupes de carrières, indiquent les bancs exploités comme pierre de taille.

Les couches inférieures, très-reconnaissables aux grains de sable vert (glauconie, silicate de fer) qu'elles renferment et aussi aux nombreuses nummulites qui leur ont fait donner par les ouvriers le nom de *pierre à liard*, ne sont jamais exploitées comme pierre de taille.

Pierre de Saint-Leu. — Les bancs teintés en bleu clair, qui viennent ensuite, donnent l'excellente pierre tendre, d'un grain gras, d'un jaune clair, connue sous le nom de pierre de Saint-Leu et qui ne se trouve guère, en effet, qu'aux bords de l'Oise, près de cette localité.

Pierres de Vallangoujard, Saillancourt, Tessancourt, Chérence. — L'assise teintée en bleu foncé, très-facile à reconnaître par les longs moules de *cerithium giganteum* qu'elle renferme, et qui lui ont fait donner le nom de *pierre à verrains* par les ouvriers du Soissonnais, est désignée dans la banlieue de Paris sous le nom de *banc Saint-Jacques*, à Saint-Leu sous celui de *turlu*. Elle a une grande importance dans le Vexin et les bords de l'Oise, où elle donne les pierres dures de Vallangoujard, Saillancourt, Tessancourt, Chérence, etc. On y trouve souvent à la base des grains verts de sable glauconieux.

Bancs royaux, vergelés. — Le calcaire grossier moyen fournit surtout des pierres tendres faciles à reconnaître, parce qu'elles sont entièrement pétries d'un très-petit fossile nommé *miliolithe*, qui lui donne un aspect rude et grenu. Les meilleures de ces pierres viennent des bords de l'Oise, où elles sont désignées sous les noms de banc royal, vergelé, vergelé de fond; celles qu'on exploite à Conflans (banc royal), à Saint-Leu et Saint-Maximin sont réellement impérissables.

Dans la plaine de Paris, on désigne sous le nom de lambourde une pierre tendre qui correspond exactement aux vergelés par sa position géologique, mais d'un grain plus gras, plus marneux et d'une qualité bien inférieure. Cette pierre est très-souvent employée en élévation dans les édifices particuliers, et malheureusement on la substitue trop fréquemment au vergelé dans les édifices publics.

Excellentes pierres dures de Laversine, Saint-Nom, liais, cliquart. — Le calcaire grossier supérieur se décompose en deux parties. La partie inférieure, teintée en vert, donne les meilleures pierres dures du bassin de Paris; elle est séparée en deux par un banc marneux, qu'on nomme le banc vert, facile à reconnaître à sa texture marno-compacte et aux nombreux moules de *cerithium lapidum* qu'on y trouve associés à des fossiles d'eau douce. On en extrait une pierre de taille de médiocre qualité (roche de Nanterre).

Le banc placé au-dessous, caractérisé par de nombreux moules de *turritella fasciata*, donne les excellentes pierres dures de Saint-Nom et Comelle. Au-dessus on retrouve également la *turritella fasciata* dans les pierres si recherchées autrefois et qu'on extrayait du sol même de Paris, sous les noms de liais et de cliquart et dans celle de Laversine.

Roche et bancs francs. — La partie supérieure, teintée en rose, est la roche qui ne se trouve guère que dans la banlieue de Paris. Elle est caractérisée par le nombre prodigieux de cérithes qu'elle renferme.

Les premières assises à partir de la base, moins riches en cérithes, sont aussi bien moins dures; souvent elles sont gélives; on les désigne sous le nom de *bancs francs*. La pierre de taille qui en provient forme malheureusement les soubassements d'un grand nombre d'édifices à Paris; elle a été admise dans les voûtes de beaucoup de ponts, où elle est facile à reconnaître à ses arêtes arrondies par la gelée.

La *roche* proprement dite s'extrait au-dessus des bancs francs, elle est beaucoup plus riche en cérithes; le lit supérieur en est pour ainsi dire pétri, surtout dans certaines carrières, telles que celles de la butte aux Cailles.

Si la roche était homogène, elle donnerait réellement

une pierre impérissable; mais le lit inférieur est d'une qualité médiocre; il est souvent marneux et doit être ébousiné avec soin.

La roche n'était pas exploitée dans le dernier siècle; elle formait le ciel des carrières de Bagneux et de la butte aux Cailles; c'est dans cette position qu'on va la chercher aujourd'hui dans les anciennes carrières.

Caillasses. — Les caillasses qui couronnent le calcaire grossier ne sont pas exploitées, et sont sans importance au point de vue pratique.

Nous ne dirons qu'un mot des autres assises tertiaires qui ont bien moins d'importance que le calcaire grossier.

Pavés des sables moyens et supérieurs. — La plus grande partie des pavés employés à Paris sont extraits des sables moyens des bords de l'Oise et de la Marne et des sables supérieurs de la banlieue de Fontainebleau, de l'Yvette et de Marly.

Dans les calcaires lacustres moyens et supérieurs caractérisés par des fossiles d'eau douce tels que lymnées, planorbes, etc., on ne trouve généralement pas de pierre de taille; cependant du côté du sud, sur les bords du Loing, ces calcaires donnent l'excellente pierre dure de Château-Landon.

Meulières. — Les terrains d'eau douce de la Brie et de Montmorency donnent les meulières si souvent employées à Paris dans les constructions modernes.

Pour tout ce qui concerne les fossiles et les autres détails géologiques, nous renvoyons au travail de M. Michelot.

TROISIÈME PARTIE. STATISTIQUE DES CARRIÈRES DU BASSIN DE PARIS DIVISÉES EN DOUZE GROUPES. —Dans cette partie, M. Michelot fait la statistique complète des carrières du bassin de Paris; il a divisé ces carrières en douze groupes portant les désignations suivantes : 1° carrières de Paris; 2° de Saint-Germain; 3° de Pontoise; 4° du Vexin; 5° du Clermontois; 6° du Senlissois; 7° du Valois; 8° du Soissonnais; 9° du Noyonnais; 10° du Laonnais; 11° de la Marne; 12° du Loing.

Chacun de ces douze groupes a son dossier contenant un tableau statistique des carrières, un cahier de coupes et une carte géognostique.

Tableau statistique. — Le tableau statistique donne, sous une forme très-simple pour chaque carrière, la production annuelle, la position géologique des bancs avec leurs désignations locales, leur épaisseur, la nature des pierres qui en proviennent.

Dans la même colonne, une courte note fait connaître la qualité de la pierre.

Dans la colonne suivante, intitulée *emploi des matériaux*, on fait connaître le parti qu'on en peut tirer. Le tableau se termine par des données numériques sur les prix des matériaux sur carrière et à Paris, les prix du sciage et de la taille, le poids du mètre cube, la résistance à l'écrasement, etc.

Plusieurs colonnes n'ont pu être remplies, on le conçoit; on comblera ces lacunes au fur et à mesure qu'on le pourra. Ainsi des expériences sur la résistance à l'écrasement ont été entreprises cette année; elles permettront de remplir une des colonnes les plus importantes.

Coupes des carrières. — M. Michelot possède, dans ses archives, une collection très-nombreuse de coupes des carrières du bassin de Paris, il en a joint cent cinquante-six des plus intéressantes à son mémoire.

Ces coupes sont rapportées à l'échelle de $0^m.01$ pour mètre; tous les bancs y sont figurés avec leurs désignations locales; ceux qui sont exploités pour pierre de taille portent une des teintes indiquées dans le tableau ci-dessus qui fixe sa position géologique.

Cartes géognostiques. — Ces cartes, qui complètent le dossier de chaque groupe de carrières, sont des fragments des cartes du bureau de la guerre sur lesquels on a indiqué par des teintes les différents terrains, et par des points rouges la position des carrières. Celles des groupes de Paris portent, en outre, leurs numéros d'ordre.

Il est inutile d'insister sur l'importance de tous ces documents dont nous ne pouvons donner qu'une idée fort imparfaite dans ce résumé. Ils comprennent 40 pièces, savoir : 12 tableaux statistiques, 12 cahiers de coupes et 16 cartes.

M. Michelot passe ensuite en revue les douze groupes de carrières qu'il a établis. On conçoit que nous ne puissions le suivre dans tous les détails qui forment, pour ainsi dire, le corps de son mémoire, la partie à consulter au point de vue pratique. Nous nous bornerons aux considérations générales suivantes :

PREMIER GROUPE DE PARIS. — Le groupe le plus intéressant par sa position au moins est le n° 1, qui entoure Paris ; il comprend 346 exploitations. Malheureusement les matériaux durs commencent à y être rares, et on peut prévoir qu'avant peu d'années ces carrières, qui autrefois ont fourni tant de belle et excellente pierre, ne seront plus d'aucune ressource pour les travaux publics, et ne produiront plus que des lambourdes et du moellon pour les constructions particulières.

La *roche* ou pierre dure de Paris, comme nous l'avons déjà dit, n'est pas homogène. Si le lit supérieur est très-dur, il arrive souvent que l'inférieur est tendre et demande à être ébousiné avec soin. C'est un grand inconvénient qui augmente beaucoup le prix de la pierre, puisque cet ébousinage prend de 0^m.05 à 0^m.15 d'épaisseur.

DEUXIÈME GROUPE DE SAINT-GERMAIN. *Pierre dure de Saint-Nom.* — Le deuxième groupe (*Saint-Germain*) ne fournit que deux sortes de pierres présentant quelque intérêt, le liais de Saint-Denis, recherché pour dalles et balcons ; la pierre de Saint-Nom, excellente roche dure dont M. Mi-

chelot a donné le nom à une de ses subdivisions du calcaire grossier. Cette pierre s'exploite en trop petite quantité pour être d'une grande ressource dans les travaux de
Paris. Elle est facile à reconnaître à un fossile, la *turritella
fasciata*, qui s'y trouve en abondance.

TROISIÈME GROUPE DE PONTOISE. *Roche de Vallangoujard.*
— Le groupe de Pontoise, qui vient ensuite, comprend
130 exploitations; la seule roche dure de quelque importance qu'on y trouve est celle de Vallangoujard, qui correspond au calcaire à verrains; mais les pierres demi-
dures qui en proviennent jouissent d'une juste réputation.
Le banc royal de Conflans fournit la meilleure pierre de
ce genre à la consommation de Paris. On peut citer ensuite, quoique d'une qualité un peu inférieure, les bancs
royaux de Butry, Méry, l'Abbaye-du-Val, qui ont fourni
de très-belles pierres à plusieurs édifices importants de
Paris.

Les pierres tendres de ce groupe sont toutes de qualité
plus ou moins médiocre.

QUATRIÈME GROUPE DU VEXIN. *Pierres dures de Chérence,
Saillancourt, Vernon, etc.* — Les carrières du quatrième
groupe (Vexin), quoique moins importantes que celles qui
précèdent au point de vue de l'approvisionnement de Paris,
sont cependant très-intéressantes pour nous, puisqu'elles
fournissent toute la pierre de bonne qualité employée dans
la troisième section de la Seine.

En première ligne, viennent les pierres dures de Chérence
et de Tessancourt, qui sont excellentes quand elles sont
bien choisies. Les carrières de Saillancourt donnent aussi
de la pierre de taille de bonne qualité quoique moins dure,
mais d'un choix encore plus difficile. Ces trois carrières
appartiennent au calcaire grossier inférieur (pierre à verrains).

Pierres tendres de Saint-Gervais et Nucourt. — On trouve
à Saint-Gervais et à Nucourt d'excellente pierre tendre

provenant du banc des Vergelés; nous avons eu occasion de l'employer dans les maisons éclusières.

Enfin la pierre de Vernon, qui provient de la craie blanche durcie accidentellement, est employée souvent comme pierre dure dans les travaux hydrauliques, bien qu'elle soit de qualité inférieure aux pierres fournies par les bons bancs durs du calcaire grossier.

CINQUIÈME GROUPE DU CLERMONTOIS. *Pierres tendres de Saint-Leu et de Saint-Maximin.* — Le cinquième groupe (Clermontois) est particulièrement remarquable par ses pierres tendres, qui sont les meilleures et les plus abondantes du bassin de Paris. Les carrières de Saint-Leu et de Saint-Maximin fournissent à Paris deux espèces de pierres tendres excellentes, le saint-leu appartenant au calcaire grossier inférieur, le vergelé au calcaire grossier moyen. Ces pierres, dont la dernière est préférée aujourd'hui, ont été employées avec succès en élévation dans nos plus beaux édifices (*).

SIXIÈME GROUPE DU SENLISSOIS. *Liais de Senlis.* — On ne trouve dans les carrières du *sixième groupe* (Senlissois) que deux natures de pierre remarquables, le liais de Senlis (calcaire grossier supérieur), qui a une grande réputation à Paris et qui s'y vend fort cher (90 francs le mètre cube), et le banc royal de Marly-la-Ville.

SEPTIÈME GROUPE DU VALOIS. — Les carrières du septième groupe (Valois) offrent encore moins de ressources, leurs pierres tendres ne pouvant entrer en lutte avec celles de Saint-Maximin et Saint-Leu, qui sont de meilleure qualité.

HUITIÈME GROUPE DU SOISSONNAIS. *Pierres dures de Puiseux, Vauxrezis, de Crouy, Laversine, etc.* — Le huitième groupe (Soissonnais) est, au contraire, un des plus impor-

---

(*) Les parements, vus des tympans des nouveaux ponts de Paris, sont en vergelé; on a même reconstruit avec cette pierre les voûtes du pont de Maisons-Lafitte.

tants du bassin. Les carrières de Puiseux, de Vauxrezis, de Crouy donnent une pierre plus dure que la roche de Bagneux. Celle de Laversine est un peu plus tendre, mais bien plus homogène. Toutes ces pierres sont extraites des bancs teintés en vert sur la coupe de M. Michelot et qui correspondent au liais et à la roche de Saint-Nom. Le Soissonnais est aujourd'hui un des points où Paris prend une grande partie des pierres dures qui lui sont nécessaires.

NEUVIÈME GROUPE DU NOYONNAIS. — Le neuvième groupe du Noyonnais ne fournit pas de pierres à Paris et rien n'annonce qu'il doive prendre plus d'importance à l'avenir.

DIXIÈME GROUPE DU LAONNAIS. *Pierre dure de Vandresse.* — Le dixième groupe du Laonnais ne renferme aujourd'hui qu'une carrière, celle de Vandresse, qui fournisse de très-bonne pierre dure. Cette excellente pierre, qui provient, comme celles du Soissonnais, des bancs teintés en vert, est d'un grain très-dur, très-fin, et peut remplacer avec avantage le liais de Senlis dans les escaliers et autres ouvrages du même genre.

ONZIÈME GROUPE DE LA MARNE. *Grès d'Étrépilly.* — Le onzième groupe de la Marne ne fournit point de pierre à Paris. La pierre de taille d'Étrépilly, qui n'est qu'un grès extrait des sables moyens, est cependant de bonne qualité, mais ne peut arriver à Paris en raison de son prix trop élevé.

DOUZIÈME GROUPE DU LOING. *Pierre de Château-Landon.* — Les pierres de taille du douzième groupe (carrière du Loing), comme les précédentes, ne sont point extraites du calcaire grossier, mais des formations lacustres moyenne et supérieure. La pierre de Château-Landon, qui en provient, est trop connue pour qu'on en parle plus longuement ici; les carrières sont réellement inépuisables et seront d'une grande ressource pour Paris, quand on les aura appréciées à leur juste valeur.

En résumé, on ne peut guère compter maintenant sur

les carrières de la banlieue pour l'approvisionnement de pierre dure nécessaire à Paris. C'est dans le Soissonnais, sur les bords du Loing, en Bourgogne et en Lorraine, comme nous le dirons tout à l'heure, qu'on doit aller chercher cette pierre.

Il en est de même des liais, qui dans peu d'années proviendront tous du Senlissois et du Laonnais.

Les pierres demi-dures et tendres de bonne qualité commencent elles-mêmes à devenir rares dans les carrières de Paris; c'est sur les bords de l'Oise, entre Conflans et Clermont, qu'il faut aller les chercher.

M. Michelot termine cette remarquable description des carrières du bassin de Paris par un tableau où il fait connaître la hauteur d'assise, les prix de la pierre et de la taille des matériaux qui en proviennent.

Ce tableau, on le comprend, sera très-utile à consulter.

Carrières situées hors du bassin tertiaire de Paris. — Il donne ensuite la description des carrières situées hors du bassin tertiaire, qui commencent à envoyer de la pierre de taille à Paris.

Carrières de la Bourgogne et de la Lorraine. — En première ligne viennent les carrières oolithiques, de la Bourgogne et de la Lorraine.

Coupe de l'étage oolithique inférieur en Bourgogne. — Les meilleures pierres de la Bourgogne proviennent de l'étage oolithique inférieur. Nous compléterons la description de M. Michelot par le tableau suivant, qui donne une idée de la disposition des bancs exploités.

Les bancs inférieurs et supérieurs ne peuvent fournir de la pierre qu'à la consommation locale, quoique cette pierre soit très-dure et d'excellente qualité.

Les bancs inférieurs (calcaire à Entroques) sont trop rarement épais pour qu'ils puissent donner lieu à des exploitations sur une grande échelle.

DÉSIGNATION GÉOLOGIQUE.	Point de pierres de taille.	OBSERVATIONS.
Oolithe moyenne ; terrain à minerai de fer du Châtillonnais.	Assise caractérisée par un nombre prodigieux de térébratules (*L. coarctata-concinna.*)	Pierre de taille d'une extrême dureté, mais malheureusement trop trouée par les moules de térébratules.
Corn brash.	Roches en bancs plus ou moins épais, presque dépourvues de fossiles, souvent très-dures, mais presque toujours gélives et trop fragiles pour être exploitées.	Carrières de Layer, Cérilly, près Châtillon-sur-Seine.
Forest marble.	Plusieurs assises de 0m.40 à 1 mèt. d'épaisseur d'un calcaire très-dur ; gris à oolithes indistinctes fondues dans la pâte, peu de fossiles, baguettes d'Oursins dans les gardes.	Excellentes carrières de pierres.—Chèvre, Coulmiers-le-Sec, Puits, les-Souillais, Creux-Raiteau, près Coutarnoux.
	Bancs minces d'un calcaire blanc, à oolithes fines parfaitement sphériques, toujours gélif.	Pierre de taille très-dure, d'un beau grain gris, non gélive quelle que soit la saison dans laquelle elle est tirée.
Grande ooli-the. Grande oolithe proprement dite.	Banc puissant d'un calcaire demi-dur, blanc, ou orange très-clair à oolithes fines toujours distinctes	Carrières de Montbard (mauvaises) ; — Cry, Anstrude (bonnes) ; — Champ-Roiard, à Coutarnoux (bonnes) ; — Chevroches (bonnes) ; — la Manse (médiocres). Pierre de taille de qualité variable très-bonne dans certaines carrières, médiocre et gélive dans d'autres, d'un très-bel aspect.
Terre à foulon (Calcaire à bucarde de M. Lacordaire, calcaire blanc jaunâtre de M. de Bonnard.)	Bancs gélifs sans usage. Calcaires marneux remarquables par le nombre prodigieux de pholadomies qu'il renferme. M. Lacordaire avait pris ces fossiles pour des bucardes et avait désigné le terrain sous le nom de calcaire à bucardes. A la base, quantité prodigieuse de petites huitres (*ostrea acuminata*).	Carrières des vallées de la Brenne et de l'Armançon, travaux du canal de Bourgogne entre Pouilly et Sainte-Reine.
Oolithe inférieure. Calcaire à entroques.	Assises minces d'un calcaire très-dur pétri d'entroques (bras de pentacrinites) d'un gris passant par toutes les nuances du gris-bleu au gris rose.	Excellente pierre de taille, mais malheureusement peu exploitable en grand, parce que les bancs épais sont rares et peu suivis dans les carrières.
Lias.	Marnes à bélemnites.	Point de pierres de taille ; ciment de Vassy.

Étage oolithique inférieur. — Épaisseur : 150 à 200 mètres.

Les bancs supérieurs (corn-brash) présentent le même défaut et sont tellement criblés de trous par les moules de térébratules qu'il est difficile de les tailler proprement.

Les deux bancs moyens donnent d'excellente pierre, qui commence à être appréciée à Paris sous le nom de *pierre de Bourgogne*. Mais il y a une grande différence de qualité entre les deux genres de pierre.

La grande oolithe proprement dite donne une pierre demi-dure très-bonne dans certaines carrières, telles que celles de Cry, arrondissement de Semur (Côte-d'Or), Anstrude, Champrotard, arrondissement d'Avallon (Yonne), Chevroches, arrondissement de Clamecy (Nièvre). Cette dernière carrière peut même être considérée comme donnant de la pierre dure.

Mais dans d'autres carrières, telles que celles de Montbard (Côte-d'Or), Saint-Moré (Yonne), la Manse (Nièvre), cette pierre ne peut inspirer aucune sécurité, parce qu'elle est souvent gélive.

Dans toutes les carrières qui correspondent à cet horizon, sauf dans celles de Chevroches, il existe des bancs gélifs qu'il est très-difficile de distinguer des bons bancs ; on peut donc être facilement trompé, et la réception de la pierre est une chose fort délicate.

Les bancs supérieurs, qui correspondent au forest marble des Anglais, ne donnent que d'excellente pierre ; on ne pourrait trouver un seul morceau de pierre gelée, même dans les découverts, sur les carrières de Pierre-Chèvre, Coulmiers-le-Sec, la Comme-de-Nesle, près Châtillon-sur-Seine, des Souillats, Coutarnoux, l'Isle-sur-le-Serain (arrondissement d'Avallon).

On ne peut d'ailleurs confondre les matériaux de la grande oolithe avec ceux qui proviennent du forest marble, ceux-ci ayant leurs oolithes très-peu distinctes et, pour ainsi dire, fondues dans la pâte de la pierre ; ceux-là étant au contraire criblés d'oolithes bien sphériques, très-nombreuses et parfaitement visibles.

Les deux genres de carrières de la grande oolithe occupent en Bourgogne une grande zone qui traverse le bassin de la Seine, entre Clamecy et Chaumont, sur 160 kilomètres en longueur et plusieurs kilomètres en largeur. Il s'en faut beaucoup qu'on ait ouvert des carrières sur tous les points exploitables.

Position des meilleures carrières de pierre dure qu'on y trouve. — Les meilleures carrières de pierre dure sont situées sur les plateaux compris entre Montbard et Châtillon (Côte-d'Or) et sur les deux rives du Serain, dans le canton de l'Isle (Yonne); les voussoirs de tête du pont Notre-Dame et le cordon du quai du Louvre proviennent de ces deux localités (*).

Les terrains oolithiques moyens ne peuvent guère fournir de pierres pour l'approvisionnement de Paris. On y remarque cependant la pierre dure d'Avigny (arrondissement d'Auxerre), les pierres demi-dures de Pacy (arrondissement de Tonnerre), les pierres tendres de Courson, Bailly (arrondissement d'Auxerre), Tonnerre.

Toutes ces pierres proviennent de deux étages de l'oolithe moyenne, la première et les trois dernières de l'oolithe corallienne, la deuxième de l'oxford-clay.

Dans le bassin de la Seine, l'oolithe supérieure ne fournit qu'une seule nature de pierre de quelque qualité, celle du groupe de carrières des environs de Saint-Dizier. Les carrières de Chevillon et Savonnières donnent une pierre demi-dure de bonne qualité et d'un très-bel aspect. Ces pierres arriveront sans doute à Paris en concurrence avec les vergelés et les bancs royaux.

(*) Depuis, on a fait avec la même pierre les voussoirs de tête des ponts d'Austerlitz, des Invalides et de l'Alma.

Carrières de Lorraine. — Les bancs à pierre de taille de la grande oolithe longent les vallées de la Meuse et de la Moselle et sont exploités en grand dans la banlieue de Metz. Ils donnent de la pierre demi-dure de bonne qualité (carrières de Jaumont, Rongueveau, Neufchef) qui peut arriver à Paris.

Le coral-rag (étage oolithique moyen) donne une pierre dure de très-bonne qualité et aujourd'hui bien connue à Paris sous les noms de pierre d'Euville, Lérouville et Mécrin, près Commercy (Meuse). Elle est facile à reconnaître, parce qu'elle est pétrie de grosses entroques qui lui donnent une cassure miroitante.

Enfin les grès bigarrés des Vosges (carrières d'Arschviller, Niderviller, Phalsbourg) ont été employés au palais de cristal, mais ils sont d'une qualité trop variable pour qu'on continue à les recevoir à Paris. Les quatre statues de la place de la Bourse sont en grès de bonne qualité de Phalsbourg. (Voir, pour plus de détails sur les carrières de Bourgogne et de Lorraine, le Mémoire de M. Michelot.

QUATRIÈME PARTIE. MEULIÈRES, BRIQUES, CHAUX, ETC. — M. Michelot donne ensuite des considérations très-intéressantes sur les meulières, les briques, les chaux hydrauliques naturelles et artificielles, les ciments, les plâtres, les granites et les bitumes. Ce rapport est déjà trop long pour que nous insistions beaucoup sur cette partie du mémoire dont nous présentons l'analyse, nous n'en parlerons donc que très-sommairement.

Meulières. — Les meulières sont toutes extraites des parties supérieures des calcaires lacustres moyen et supérieur (plateau de la Brie et de Satory).

Chaux et ciments. — Les chaux hydrauliques naturelles employées à Paris proviennent presque toutes des marnes du gypse (four des buttes Chaumont, de Romainville, Argenteuil) ; cependant on en obtient également qui proviennent du banc vert du calcaire grossier (fours de Gentilly,

Ivry, la Gare, Grenelle). On extrait également des pierres à ciment des marnes du gypse.

Difficultés du choix de la pierre à chaux dans le bassin de Paris. — Les chaux et ciments hydrauliques naturels de Paris sont d'un bon usage quand la pierre est bien choisie ; mais là gît la difficulté ; rien n'est plus difficile que de faire un bon choix dans des matériaux souvent d'aspects peu différents, dont les uns sont bons et les autres très-mauvais, ce qui arrive presque toujours dans les carrières à chaux de la banlieue de Paris.

Chaux hydraulique artificielle. — Les ingénieurs donnent donc presque tous, et avec raison, la préférence à la chaux hydraulique artificielle, quoiqu'elle soit plus chère et ne foisonne pas. La plus estimée est celle d'Issy et des Moulineaux, qui se fait par un mélange de craie et d'argile plastique.

Gypse. — Les terrains gypsifères du bassin de Paris forment, dans les terrains lacustres moyens, une grande lentille en partie détruite par les courants diluviens, qui s'étend du sud-est au nord-ouest, entre Meulan et Château-Thierry. Cette partie des richesses du sol de Paris paraît inépuisable, puisque son étendue n'a pas moins de 100 kilomètres en longueur et 40 en largeur, en y comprenant, à la vérité, les larges vides faits par les courants diluviens. Toutes les masses réunies ont quelquefois 20 mètres de hauteur.

Granites. — Les granites employés aujourd'hui à Paris viennent de Normandie. M. Michelot fait observer, avec raison, qu'avec un peu plus de conscience, les fournisseurs du Morvan auraient pu leur faire une utile concurrence ; il existe, en effet, de très-bons granites en Bourgogne ; nous en avons fait exploiter à Avallon qui nous paraissent bien supérieurs en dureté à ceux de Normandie.

Matériaux d'empierrement : meulières caillasses. — Les meulières dures, destinées à l'entretien des empierrements, se nomment meulières caillasses, et proviennent des mêmes

terrains que les autres ; comme dans tous les mélanges de
matières bonnes et mauvaises , entre lesquelles il faut faire
un choix , le triage de ces meulières destinées à l'entretien
des empierrements des rues de Paris est devenu très-difficile, et le service municipal a été souvent obligé d'admettre des matériaux très-mélangés qui ont donné de mé-
diocres résultats.

Quartzites des Ardennes. — Il en est résulté que les ingénieurs de ce service ont demandé à employer les quartzites
des Ardennes et du Calvados et y ont été autorisés. Un
premier essai a été fait sur les boulevards.

Résistance des matériaux à l'écrasement. — Il est inutile
de dire combien il serait important de connaître la résistance des matériaux de construction à l'écrasement.

Les expériences de Rondelet, les seules qui aient été
faites avec suite et précision , ont perdu beaucoup de leur
intérêt, parce qu'elles ne s'appliquent presque à aucune
des pierres employées aujourd'hui.

*Expériences de MM. Michelot et Delesse sur les pierres
tendres.* — M. Michelot a entrepris, avec M. l'ingénieur des
mines Delesse, des expériences sur les pierres tendres du
bassin de Paris au moyen d'une machine du laboratoire de
l'artillerie.

Expériences commencées sur les pierres dures. — Des
essais sur les pierres dures sont faits cette année avec une
autre machine qui a été construite en 1853 au siége de la
Société d'encouragement, qui a bien voulu mettre une de
ses salles à notre disposition. Les résultats obtenus seront l'objet d'un second mémoire dès qu'ils auront été
classés.

Collections d'échantillons de matériaux utiles. — Enfin,
des collections d'échantillons de tous les matériaux de construction employés à Paris ont été commencées. Ces collections, destinées aux Écoles des ponts et chaussées et des
mines et au Muséum, sont déjà très-riches en ce qui con-

cerne le bassin de Paris ; celles de la Bourgogne et de la Lorraine sont nécessairement moins avancées.

Conclusions. — On peut conclure du présent rapport que le mémoire de M. Michelot est la monographie la plus complète qui ait encore été faite sur les matériaux de construction employés à Paris. La méthode suivie par lui est entièrement originale, car nous ne pouvons considérer comme antécédents les notes publiées à deux reprises par nous, en 1849 dans une *Notice sur la carte géologique et agronomique de l'arrondissement d'Avallon*, et en 1852 dans les *Annales des ponts et chaussées*.

Dans ces notes sur les matériaux de construction de l'arrondissement d'Avallon et du bassin de la Seine, nous prenions également la géologie pour guide : mais elles sont beaucoup trop succinctes, trop incomplètes pour pouvoir être comparées au travail de M. Michelot.

Nous croyons donc que le mémoire de cet ingénieur doit être considéré comme une statistique des carrières du bassin très-complète et dressée sur un plan entièrement neuf; il peut être consulté avec beaucoup de fruit par tous les constructeurs qui y trouveront des données précises sur la position des carrières, le degré de dureté, la résistance à l'écrasement et à la gelée, et même sur les prix de revient des matériaux qui en proviennent. M. Michelot tient, en outre, à leur disposition des échantillons de toutes les espèces de pierre qui peuvent être employées à Paris.

Pour se convaincre de l'utilité de ces recherches, il suffit de parcourir pendant quelques heures les rues de Paris. On ne rencontrera pas un seul monument ayant plus de vingt à trente années d'existence, si ce n'est peut-être la cour intérieure du Louvre, qui ne soit déshonoré par de nombreuses pierres gelées; les constructions neuves, où le choix des matériaux ne laisse rien à désirer, sont elles-mêmes fort rares.

Nous croyons donc que le service doit être maintenu en

suivant à peu près le programme indiqué par M. Michelot dans ses conclusions.

Jamais, suivant nous, ce travail de statistique ne pourra être considéré comme complet, parce que la situation des carrières change tous les jours; les anciennes s'épuisent, de nouvelles exploitations commencent, des matériaux inconnus à Paris y sont importés sans que les constructeurs soient toujours suffisamment éclairés sur leur valeur réelle. Il est donc nécessaire que l'administration maintienne un bureau d'ingénieur, où tous les renseignements viennent s'enregistrer et restent à la disposition du public.

Mais pour que le service soit permanent, il faut en réduire les dépenses, qui consistent presque toutes en frais de personnel. Nous avons donc demandé à l'administration qu'un arrondissement de la troisième section de la Seine y soit réuni; cette proposition a été adoptée. Aujourd'hui les dépenses sont considérablement réduites : l'année dernière encore le personnel se composait d'un ingénieur, d'un conducteur et de deux agents temporaires; aujourd'hui il se réduit à un seul agent temporaire, auquel les autres employés s'adjoignent de temps en temps, quand la besogne presse.

Dans ces nouvelles conditions, la permanence du service ne nous paraît devoir soulever aucune objection.

Maintenant, on peut se demander ce qu'on doit faire des nombreux documents que M. Michelot a pu réunir; plus de trois cents coupes de carrières, une quantité énorme d'échantillons de toute espèce de roche sont entre les mains de cet ingénieur. Lorsque nous avons été chargé de ce service, M. Michelot était déjà autorisé à fournir des échantillons à l'École des mines et au Muséum.

On a pensé qu'une collection d'échantillons devait être placée à l'École des ponts et chaussées. L'insuffisance du local qu'il est possible de consacrer maintenant à cette collection, soit au quai de Billy, soit à l'École même, ne permettra pas, sans doute, de lui donner toute l'extension qu'elle devrait avoir. Mais enfin ce sera le commencement d'une grande chose ; car il devrait y avoir à l'École des ponts et chaussées une collection de matériaux utiles de toute la France aussi complète que la collection de minéralogie de l'École des mines. Là, non seulement les élèves avant de quitter l'école pourraient se faire une idée nette des ressources que leur offriraient les arrondissements dans lesquels ils seraient envoyés, mais tous les ingénieurs et les architectes y trouveraient des renseignements sur les matériaux de construction qui n'existent pas ailleurs ; car dans toutes les collections, l'échantillon rare est toujours préféré à l'échantillon utile, et tous les documents relatifs à l'emploi des matériaux manquent complétement. C'est donc à l'École des ponts et chaussées que devrait être fait le dépôt des échantillons, des cartes, et des coupes de carrières réunis par M. Michelot.

En attendant que cette collection puisse se réaliser, cet ingénieur conservera dans ses archives toutes les pièces importantes et déposera au magasin du quai de Billy les échantillons les plus encombrants.

La collection de l'École des ponts et chaussées sera continuée au fur et à mesure qu'on agrandira l'emplacement où elle doit être faite.

Nous ne pouvons en indiquer ici le plan, qui ne peut être arrêté qu'après un mûr examen de MM. les administrateurs de l'École.

Paris. — Imprimé par E. Thunot et Ce, rue Racine, 26.